# 机器人,你好!
## 机器人是怎么回事

[美]威廉·D.亚当斯 著

丁将 译

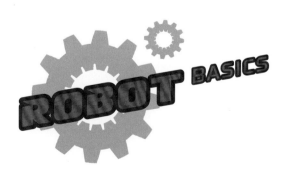

WORLD BOOK

中国出版集团
世界图书出版公司

图书在版编目（CIP）数据

机器人，你好！/（美）威廉·D.亚当斯，（美）杰夫·德拉罗沙著；丁将，黎雅途，
秦彧译.—北京：世界图书出版有限公司北京分公司，2022.4
ISBN 978-7-5192-9155-6

Ⅰ.①机… Ⅱ.①威… ②杰… ③丁… ④黎… ⑤秦… Ⅲ.①机器人—少儿读物
Ⅳ.① TP242-49

中国版本图书馆 CIP 数据核字（2021）第 249829 号

Robots: Robots Basics

| | |
|---|---|
| 书　　名 | 机器人，你好！ |
| | JIQIREN，NI HAO！ |
| 著　　者 | [美]威廉·D.亚当斯　[美]杰夫·德拉罗沙 |
| 译　　者 | 丁　将　黎雅途　秦　彧 |
| 责任编辑 | 何　醒 |
| 封面设计 | 陈　陶 |
| 内文设计 | iS 设计工作室 |
| 出版发行 | 世界图书出版有限公司北京分公司 |
| 地　　址 | 北京市东城区朝内大街 137 号 |
| 邮　　编 | 100010 |
| 电　　话 | 010-64038355（发行）64033507（总编室） |
| 网　　址 | http://www.wpcbj.com.cn |
| 邮　　箱 | wpcbjst@vip.163.com |
| 销　　售 | 各地新华书店 |
| 印　　刷 | 北京九天鸿程印刷有限责任公司 |
| 开　　本 | 787 mm×1092 mm　1/16 开 |
| 印　　张 | 30 |
| 字　　数 | 387 千字 |
| 版　　次 | 2022 年 4 月第 1 版 |
| 印　　次 | 2022 年 4 月第 1 次印刷 |
| 版权登记 | 01-2021-5520 |
| 国际书号 | ISBN 978-7-5192-9155-6 |
| 定　　价 | 249.00 元 |

# 目录
## Contents

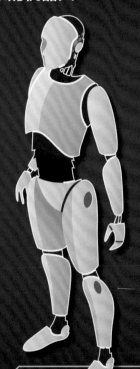

术语表的词汇在正文中
首次出现时为黄色。

# 机器人，你好！

你可能还没有发现，我们的身边到处都是机器人的身影。交通信号灯、洗衣机、微波炉，它们可都是机器人呐！它们在工厂工作，生产我们每天都使用的物品；它们到海洋最深处和太空最远处探索，为科学研究收集数据……机器人承担起越来越多的工作，在杂货店的货架上摆货、开车接送我们。

机器人可以在危险的地方工作，也不会因为肮脏的

**常见的机器人**

机器人可以反复地做很简单的事情，且毫无怨言。

>>>>

特殊功能的
机器人

机器人能够去人类
无法前往的地方（比如
火星表面）进行探索。

<<<<

工作环境而生病；机器人擅长做无聊、脏兮
兮的工作，它们能比人类更快地完成简单又
重复的任务……随着工程师不断改进机器人
技术，机器人将承担更多工作，让人们有更
多时间去做有趣、好玩的事情。

　　那到底什么是机器
人呢？又是什么造就了
机器人？机器人由哪些
部分组成？快翻开这套
书，与机器人迎面打个
招呼吧！

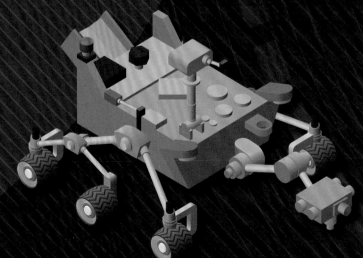

# 什么是机器人

这些工业机器人在程序的控制下，自动完成汽车焊接工作。

机器人是一种可编程的机器，可以自动执行某些动作，完成特定的任务。

- 相比于在虚拟世界中运行的软件（计算机的一部分），机器人是在现实世界中工作的机器，可以看得见摸得着。

- 机器人是可编程的，人们能够通过叫作代码的计算机语言告诉机器人该做什么。

- 没有人类的操控，机器人也可以自动执行一些任务，这种自动执行指令的行为称为自动化。

- 机器人的行动是为了完成程序员设定的特定任务。这种任务可能是简单而明确的（比如"把这两个零件组装起来"），也可能是复杂而开放的（比如"找到并营救被困的幸存者"）。

# 机器人长什么样

机器人的外形取决于要完成的
工作，它可以像人类、动物、车辆……
有的机器人只有细胞那么小，有的机器人
像卡车一样大。机器人可以原地不动，也可以
行走、滚动、飞行、游动……

大多数人听到"机器人"这个词的时候，会自然
地联想到复杂的人形机器，但很多机器人的造型都非
常简单。交通信号灯和洗衣机也是机器人，都是可编
程的机器，为了完成一个任务（让车流平稳通过或清
洗衣物）而执行动作（改变灯光颜色，或加水并搅动
衣物）。

尽管机器人的形态各异，但是所有机器人具有一些共同特征：它们能够感知周围环境，并与环境互动。除形态各异外，所有的机器人都有传感器、驱动器和执行器。

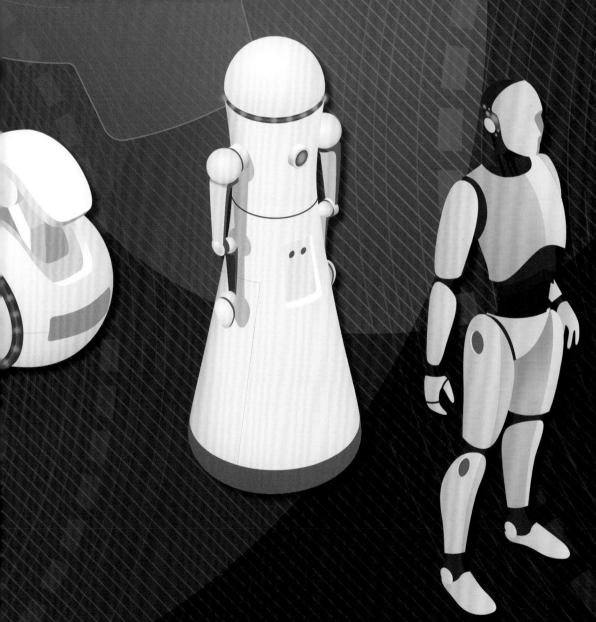

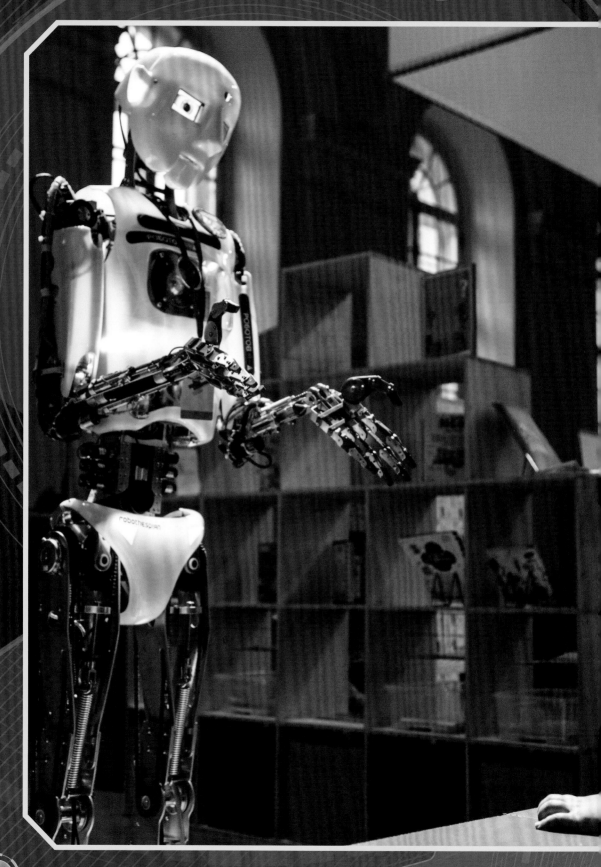

# 人形机器人

　　长得像人的机器人叫作人形机器人。工程师为什么要制造人形机器人呢？首先，人形机器人和人类外形相似，可以融入人类生活和工作的环境，也可以使用许多适合人手的工具；其次，当机器人长得很像人类时，人们更容易与机器人交流或工作；最后，人形机器人可以让人眼前一亮，它们看起来可比机械臂等简单的关节型机器人酷多了！

"你好！"

一个孩子正在与
人形机器人互动。

<<<<

# 传感器

传感器可以帮机器人做两件事：感知自身状态和感知外部环境。

机器人要感知手臂关节的角度或车轮的位置时，需要用到编码器；机器人要关注系统的温度，确保自己的正常运转时，需要用到温度传感器；机器人要确定抓取物体的力度时，需要用到压力传感器……传感器可以帮助机器人感知自身状态。

机器人靠摄像头和各种传感器收集自己所处环境的信息，找到它想使用的物品，或避开障碍物……

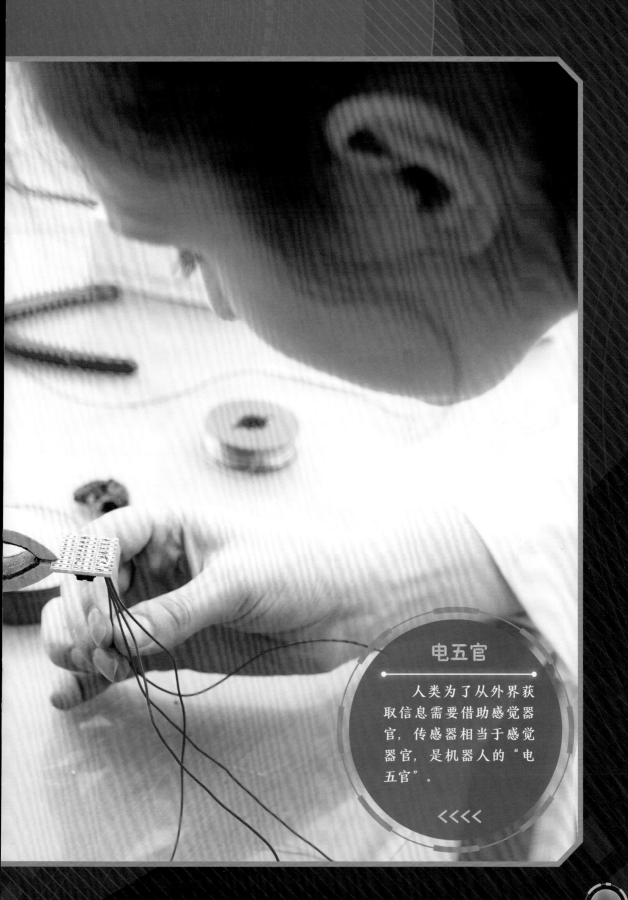

## 电五官

人类为了从外界获取信息需要借助感觉器官，传感器相当于感觉器官，是机器人的"电五官"。

<<<<

# 机器人，动起来！

　　机器人要想动起来，需要驱动器，最常见的驱动器是电动机。执行器被驱动器带动，帮助机器人与环境互动、执行动作。轮子、螺旋桨、夹持器、机械臂和抓取器等都是执行器。

　　没有电，机器人是不会干活儿的！不能自己移动的机器人需要插到插座上通电，能自己移动的机器人一般使用电池供电。随着电池技术的进步，机器人的电池续航时间越来越长，一些太空探测器还能用太阳能板充电。

## 无人机

这架无人机的驱动器是电动机，电动机的电源位于金属机身内，执行器是 4 个旋转的螺旋桨。

# 机器人的"大脑"

每个机器人的核心都是一台计算机。计算机就像机器人的"大脑"，可以指挥机器人工作。如果机器人要完成复杂的任务，工程师不仅会给它安装多个执行器，还会配备一台强大的计算机；如果机器人长时间无法充电，计算机就必须具有省电功能；计算机的软件能告诉机器人需要完成哪些任务、如何完成这些任务……大部分机器人（比如工业机器人）为了完成不同的任务，安装了可以重新编程的软件。

机器人的"大脑"

计算机是机器人的"大脑"，运行着控制机器人的软件。

>>>

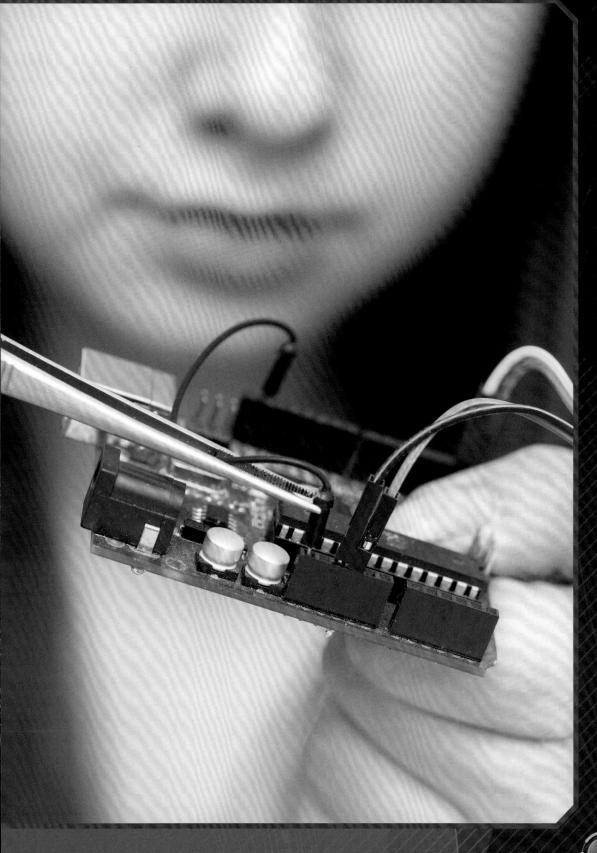

# "感知 - 计划 - 行动"

　　机器人可以感知自身状态和外部世界，确定行动计划，执行这项计划。这个检测、决策、行动的过程通常被称为"感知 - 计划 - 行动"。

　　"感知 - 计划 - 行动"时时刻刻都在发生。机器人接收新的信息，必要时调整计划，按调整后的计划行动。当一辆漫游车在沙地行驶中，轮子抓不住沙地，开始空转。如果漫游车仅通过车轮转数计算行驶的路程，那么会出错。如果漫游车借助摄像头和传感器，判断自己是否移动到原计划的位置，就能及时修改计划，继续向前移动，最终行驶到目的地。

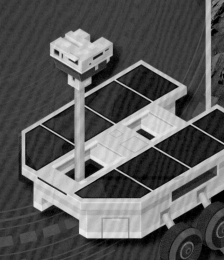

　　"感知 - 计划 - 行动"对"好奇号"火星探测器非常重要。当"好奇号"火星探测器自主驶向科学考察目标时，必须要探测出岩石和坑洞，并避开。

# 机器人面临的挑战：

## 机器人的自主性

如果我们在做醋熘土豆丝时，发现家里没有醋了，我们可以很快决定是换做其他菜，还是出去买一瓶醋。但机器人很难做出这样的决定，它可能会在家里找醋，一直找，一直找，直到永远！

自主性是指机器人在没有人类帮助的情况下，自行完成任务的能力。所有的机器人都有自主性，有些机器人的自主性很高。没有一个机器人是完全自主的，哪怕是帮机器人指定任务，机器人也需要人类的帮助。

自主性很有用，但自主性程序很难编写。在工业中，机器人被放置在精心设计的、结构化的环境内，降低发生意外的可能性，这样工程师就不用编写特别复杂的程序。

机器人要进入人们的日常生活，需要更高的自主性。在非结构化的环境中，随机事件时刻在发生，人类不可能为机器人提前规划好一切。因此，未来的机器人需要对事件进行分类，从过去的经验中学习，并知道何时向人类寻求帮助。

即使是作为割草机的机器人，也必须有一定的自主性来避开障碍物，或在下雨的时候返回基座。

# 机器人的前身

几千年来，人类一直想创造出一种设备，能代替人类完成那些枯燥无味的工作。直到 20 世纪，自动化的普及、电力的使用和可编程计算机的发明等，为机器人的诞生奠定了基础。

随着技术的发展，掌握金属制造工艺的人们创造出了一种机器。这种机器的外形与人类的相似，里面有齿轮、弹簧等零件。在这些零件的驱动下，机器能做出逼真的动作。后来，人们还创造了可以写字、画画、喝水和演奏乐器的自动机。但自动机由发条或重物驱动，无法持续有效地工作。这些自动机只能执行既定动作，没有自主性。

19 世纪初，发明家开始思考如何将非常耗时的过程自动化。蒸汽动力和电力的使用让发明家有了驱动大型复杂机器的方法，带来了机器制造的巨大变革，但这些机器仍然算不上机器人。

18 世纪初的这三台自动机，一个能写字，一个能画画，一个能演奏音乐，它们可是当时的宠儿！

# 幻想中的机器人

19 世纪后期的自动机非常复杂，看起来就像有生命一样。蒸汽动力和电力的兴起，更激发了作家的想象力，这些作家开始幻想有生命的机器人会是什么样子，又会有怎样的行为方式……莱曼·弗兰克·鲍姆创作了一系列关于奥兹国的童话故事，其中的铁皮人和嘀嗒人这两个机器角色，就是今天我们所说的机器人。

## 机器人崛起

《罗素姆万能机器人》中，机器人消灭主人，占领了世界。

《大都会》中，一位疯狂的科学家以自己去世的爱人为原型，制造了一个机器人。

<<<<

"Robot"（意思是"机器人"）这个词最早出现在戏剧《罗素姆万能机器人》里。1921年，捷克剧作家卡雷尔·恰佩克的《罗素姆万能机器人》问世后，机器人角色不断涌现。1927年，德国电影《大都会》成为第一部以机器人为主角的电影；1940年，美国科幻小说家艾萨克·阿西莫夫写下了《我，机器人》中的第一个故事……这些作品对科幻小说的创作者产生了巨大的影响，并启发了后来的工程师。

# 成为现实的机器人

20 世纪中期，计算机发展为体积较小的电子设备，不再是机械设备，也不用消耗大量能源。此时的计算机可以编程，还可以运行不同的软件。随着计算机技术的发展，机器人开始走出幻想，成为现实。

1948 年和 1949 年，出生于美国的英国科学家威廉·格雷·沃尔特创造了两个早期机器人。这两个早期机器人"长着"圆形的外壳，运动速度很慢，被称为"乌龟"。"乌龟"会朝着明亮的地方移动，当撞到东西时会改变方向，看起来像有生命一样。

1966 年至 1972 年，美国斯坦福大学的技术人员创造了机器人Shakey。Shakey 是一个可以进行简单自主决策的机器人，只需要给 Shakey 完成任务的指令（比如捡起并移动一个物体），Shakey 就能找出完成这个任务的最佳方法。不过，Shakey 只能在高度结构化的环境中工作。

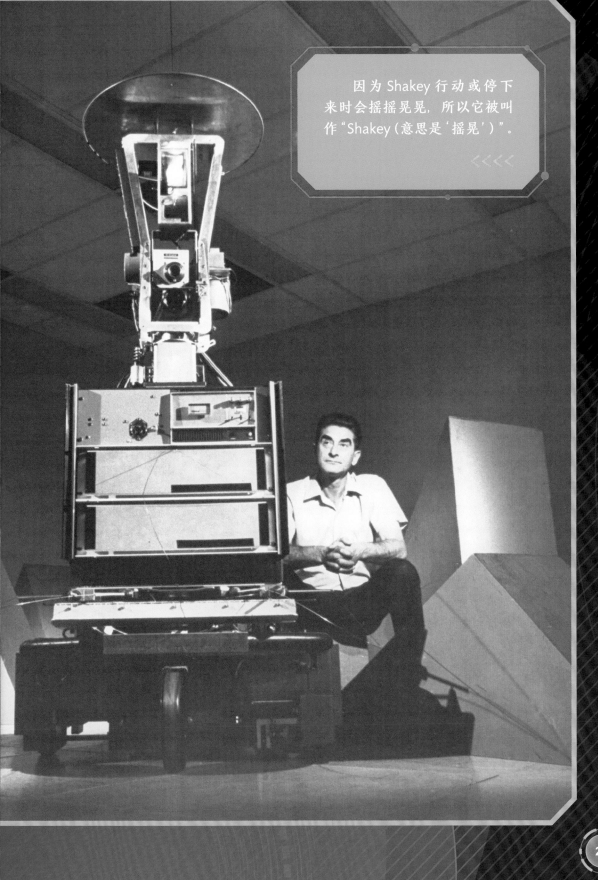

因为 Shakey 行动或停下来时会摇摇晃晃，所以它被叫作"Shakey（意思是'摇晃'）"。

<<<<

# 工业 机器人

20世纪60年代，机器人从科技界和娱乐圈转向工业。1961年，第一台工业机器人Unimate出现在美国新泽西州一家汽车制造厂的装配线上。其他工厂的经理发现这种机器人很能干，可以在危险条件下重复精密的动作。很快，Unimate进入了不同的工厂。

## 为人类工作

在刚开始发展工业机器人时，美国政府成立了自动化制造研究所，研究机器人的制造方法。

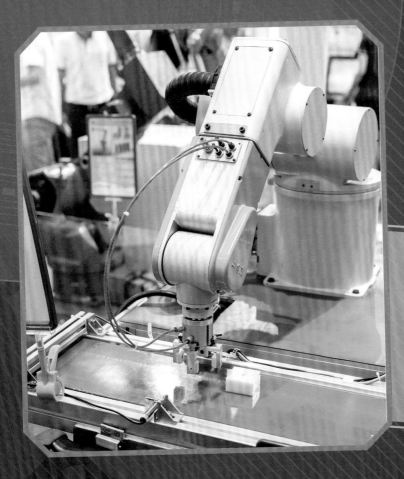

现代工业机器人的形状不同、大小各异，能胜任各种各样的任务。

<<<<

工业机器人可以完成各种各样的任务，而且灵活高效。最常见的工业机器人是关节型机器人，关节型机器人看起来像手臂，末端安装着不同的执行器（比如抓取器、焊接器和喷漆器），可以满足不同的任务要求。

"你好，我叫

# LR Mate 200iD !"

机器人 LR Mate 200iD 是当今最受欢迎的关节型机器人之一。LR Mate 200iD 有 6 个电动机，工作时它的机械臂可以伸 72 厘米远。别看它其貌不扬，但能出色完成工作。

## 自主性

低

LR Mate 200iD 自带的程序可以处理一些突发情况，但如果发生随机事件，LR Mate 200iD 就需要人类的帮助。

## 灵活性

设计 LR Mate 200iD 是为了帮助我们完成各种各样的任务。不同版本的 LR Mate 200iD 可以完成不同的工作，它们可以焊接、搬运、喷漆、自动装配，甚至可以加工食物。

## 友好性

LR Mate 200iD 只是一个大的黄色的机械臂，人们在周围工作时并不安全。

## 制造商

LR Mate 200iD 由日本 FANUC 株式会社制造。

## 力量

LR Mate 200iD 能举起重达 7 千克的物体。

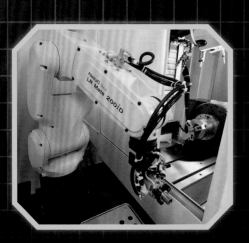

# 玩具机器人

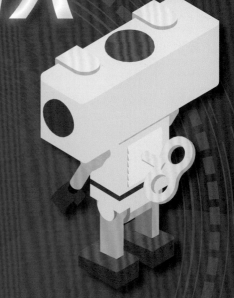

人类一直都很喜欢机器人。以前，自动机让人们感到惊奇有趣，埃及统治者的墓中也发现了陪葬的自动机。几十年前，由于技术的局限，机器人依旧是珍奇之物。现在，人们制造出越来越多的机器人，让它成为我们生活中的一部分，和我们玩耍。

## 铁皮玩具

早期的玩具机器人并不是真正的机器人，不过这些玩具启发了很多发明家。

<<<<

≫

使用编程软件
可以很方便地控制
搭建好的机器人。

与机器人一起玩是一件很有
趣的事情，其实设计和制造机器
人会更加有趣！有些玩具套装（比
如乐高头脑风暴）能搭建机器人，
还能给搭建好的机器人编程。

"你好，我叫

Robosapien!"

　　机器人 Robosapien 是一款老少皆宜的玩具机器人。小孩子们喜欢用遥控器控制 Robosapien，看它做各种滑稽动作；青少年和成年人会让 Robosapien 看家、提醒重要事情……Robosapien 还能踢足球呢！

## 自主性

低 ▮▮▮▮▮

Robosapien 能自己做的事情不多，大部分动作都需要用遥控器控制。但 Robosapien 很容易改造得更加智能。

## 技能

Robosapien 会吹口哨、空手道，还会翩翩起舞。

## 制造商

Robosapien 由香港玩具生产商 WowWee 制造。

## 身高

35 厘米。

# 服务机器人

现在，机器人可以在工厂里帮忙，在酒店里当行李员和接待员，还可以陪伴养老院的老年人。

## 机器人员工

在日本东京的一家酒店中，有很多机器人员工（比如机器人前台）。

>>>>

扫地拖地、修剪草坪很简单，只需要给机器人装上几个执行器，它们就可以做这些事情了。还有一些机器人可以充当家庭助手，拍照，照看孩子、宠物，控制家里的其他联网设备。在未来，家庭机器人也许能帮我们找到我们想要的物品、整理房间等。

扫地机器人是一种常见的家用机器人，它是用来打扫地面的。

"你好，我叫

Robomow！"

修剪草坪既耗时又费力，为什么不让机器人去做呢？机器人Robomow是一种割草机器人，适合修剪各种大小的草坪。

Robomow 可以每隔一两天修剪一下草坪顶部。这样一来，Robomow 就不用打扫剪下来的草屑。这些被剪下来的草屑会落回土壤，分解并释放出营养物质。

## 自主性

人类先沿着草坪的边缘固定一圈电线，然后 Robomow 在电线围成的区域内修剪草坪。当电量不足时，Robomow 会自己回到基座充电。

## 安全性

虽然给机器人安装锋利的旋转刀片不太安全，但安装了刀片的 Robomow 很安全。如果 Robomow 撞上某个东西、被抬起来或翻倒在地，它的刀片就会自动关闭。

## 制造商

Robomow 由以色列的 Friendly Robotics 公司制造。

## 重量

Robomow 的重量为 7~20 千克。

# 探测机器人

机器人善于探索。机器人不需要空气、水或食物，只需要一个电源；机器人可以适应各种压力和温度；完成探险后，人类需要返回，而机器人可以留下……所以，机器人在太空探索中起着重要的作用。人类最远只到过月球，机器人则抵达了太阳系的每一颗行星。

机器人还擅长探索深海、北极和南极等地球上很危险的区域。

## 冰川探险者

一名科学家准备用类似潜水艇的机器人探索美国阿拉斯加州冰川水域。

>>>>

# "你好，我叫

# Saildrone！"

想象一下在汪洋大海中收集科学数据的情景：为了收集数据，你必须乘坐一艘小型研究船进行漫长、昂贵又不舒适的航行；虽然固定在海底的浮标可以较长时间地收集数据，但浮标的安装和维修费用极其昂贵……

所以，美国 Saildrone 公司希望利用机器人来收集这些数据，他们用数百艘可以自主航行的机器人组成了一支队伍。这支队伍可以收集海洋状况的信息，为天气预测、气候建模和水质测试提供帮助。

### 自主性

高

机器人 Saildrone 既不需要外部燃料，也不需要人类水手。Saildrone 可以绕一个地方航行，也可以进行数月搜集数据的巡航，还可以中途改变任务。只有需要维护和修理的时候，Saildrone 才必须回到港口。

### 海豹救星

从 Saildrone 上摄像头拍摄的影片中看到，海豹会爬到 Saildrone 上休息，或躲避鲨鱼和虎鲸的攻击！

### 大小

长 7 米，宽 5 米。

### 外形

与其他机器人相比，Saildrone 更像一个帆板。它那鲜艳的橙色设计非常吸引眼球！

### 最大速度

每小时 15 千米。

### 制造商

Saildrone 由在美国的 Saildrone 公司制造。

# 未来的机器人

机器人对世界的改变才刚刚开始！随着工程师不断创造出更好的机器人，机器人将对我们的生活产生更深刻的影响。工业机器人会变得更加自动化，和这些机器人一起工作的人类也会更加安全；机器人还会走出工厂，变身为自动驾驶汽车、机器人助手、智能家居等来到我们的身边……连接着互联网的智能家居，在发现主人离开后，会关闭空调或暖气，节约能源。

## 智能家居

智能家居让我们的生活更便捷。在你到家之前，智能家居就已经做好了准备，打开灯光、打开门锁，甚至提前做饭，迎接你回家。

>>>>

"这只猫掉的毛让我的工作量多了 3.65 倍！"在未来，人类不愿意做的家务，机器人也许能帮忙完成。

《《《

计算机、互联网和智能设备的整合，促进了机器人的发展。随着机器人承担更多无聊、脏兮兮和危险的工作，人类可以节省下更多的时间做创造性的工作，或只是单纯享受生活！

# 术语表

工业机器人：在工厂中帮忙的机器人。

软件：计算机的一部分，可以告诉机器人需要完成哪些目标、如何实现这些目标等。

自动化：不用人类操控，机器人也可以自动执行一些任务的行为。

传感器：能够感知自身状态和外部环境，并将采集的外部信息转化为便于传输和存储信息的装置。

驱动器：一种能够让机器人动起来的组件（比如电动机）。

执行器：机器人的一部分，这个组件是由驱动器驱使的，能够与环境互动。

人形机器人：长得像人的机器人。

关节型机器人：具有可活动关节的机器人，最常见的关节型机器人是机械臂——像手臂一样的工业机器人。

无人机：一种不载人的飞行器。大多数无人机都是远程遥控的，也有一些能够自主飞行。

自主性：在没有人类的帮助下，机器人自行完成任务的能力。

结构化：在机器人学中，指一片经过特别设计的机器人运行区域，可以减少机器人工作过程中的意外事件。在结构化的环境中，不参与机器人任务的人员、车辆和物品的流动通常受到限制。

自动机：一种长得像人或动物的、能够完成逼真动作的机器。自动机通常是靠重量或弹簧驱动的，不具有自主性。

机械设备：利用杠杆作用、浮力定律等力学原理组成的装置。

# 致谢

本书出版商由衷地感谢以下各方：

Cover © Kirill Makarov, Shutterstock

4-5 © Well Photo/Shutterstock; NASA/JPL-Caltech/MSSS

6-7 © Jenson/Shutterstock

10-11 © Magicin Foto/Shutterstock

12-13 © Science Photo/Shutterstock

14-15 © Jorde Angjelovik, Shutterstock

16-17 © Science Photo/Shutterstock

18-19 © Triff/Shutterstock

20-21 © Robomow Friendly House

22-23 Public Domain

24-25 © Vandamm Studio/Alamy Images; Eureka Entertainment

26-27 © Ralph Crane, The LIFE Picture Collection/Getty Images

28-29 National Institute of Standards and Technology; © Asharkyu/Shutterstock

30-31 Borba Zal (licensed under CC BY-SA 4.0); © FANUC

32-33 © Meen Na/Bigstock; © Alesia Kan, Shutterstock

34-35 © WowWee Group Limited; © Paul Hilton, Bloomberg/Getty Images

36-37 © Ned Snowman, Shutterstock; © J. TaI, Shutterstock

38-39 © Robomow Friendly House

40-41 NASA/JPL-Caltech

42-43 © Saildrone, Inc.

44-45 © Juan Ci, Shutterstock; © Miriam Doerr Martin Frommherz, Shutterstock

# 索引